不能吃の~

袖珍模型
麵包雜貨

聞得到麵包香喔！

不玩黏土，揉麵糰

不能吃の～

袖珍模型
麵包雜貨

袖珍模型麵包創作家

ぱんころもち
カリーノぱん

－人氣合著－

本書將介紹以真正的麵包麵團烘烤製作而成的麵包模型。

揉捏麵包麵團作成喜歡的麵包樣式後，以烤箱烘烤，再塗上透明漆就完成了♪
由於材質並非黏土，因此能夠作出彷彿真的會被吃下去般，更為逼真的作品，這就是袖珍模型麵包的魅力所在。

將完成的模型作成胸針、磁鐵或手機吊飾……
享受製作喜愛的配件小物的趣味吧！
逼真的質感＆隱約散發出的麵包香氣，也將帶給你滿滿的治癒感。

那麼，就懷抱著期待袖珍麵包模型世界的心情，開始動手試著製作第一個作品吧！

| CONTENTS |

Let's
Try!!

創作家介紹

ぱんころもち

以製作似乎會令人毫不猶豫地吃下去般的
寫實系作品為特色的ぱんころもち。
利用工作空檔將製作麵包的興趣延伸，
開始創作「不可食用的麵包模型」，
目前也在人氣手作APP「minne」匯集廣大的人氣中。

minne　　https://minne.com/pankoromochi

此頁作品圖為原寸大小。

貝果

作法  P.28

原味、可可、抹茶，作出三種口味的貝果後，
再加上芝麻或堅果等裝飾，就能享受豐富變化的樂趣。

1

小小紅豆麵包

作法 P.18

以渾圓的形狀為特徵的小小紅豆麵包傳遞著和風的印象。
充滿光澤感的表面是製作重點喔！

變身成
手機吊繩了！

麥穗麵包

作法  P.19

麥穗麵包只要將麵團剪出切口＆交錯翻摺，
就能作出形狀，
因此也很推薦給初學者。
如麵包店般放入籃子中作裝飾如何呢？

3

辮子麵包 &
德國結

作法  4 …P.20・5 …P.21

造型搭配性強的辮子麵包＆德國結。
作成胸針裝飾在洋裝上，
似乎也能作為穿搭的主題。

麵包卷

作法  P.22

將三角形的麵團捲起製作而成的麵包卷。
由於膨脹的形狀是重點,
請試著多作幾次掌握熟練度吧!

6

杏仁麵包

作法 P.23

以稍大尺寸的杏仁作點綴。
裝上磁鐵，
用來固定喜歡的明信片等物品
也很時髦喔！

罌粟籽麵包

作法  P.26

特徵在於宛如新月般的形狀。
先沾附上大量的罌粟籽，再劃出切口吧！

面具麵包

作法  P.30

9

形狀宛如葉子般的面具麵包,
會因為烤色的不同而產生完全不同的感覺。
由於比其他款式的尺寸更大,
因此也具有十足的存在感。

芝麻麵包

作法  P.29

在揉入全麥麵粉的麵團中添加了芝麻的麵包，給人樸素的質感。
大量製作時，訣竅就在於製作成較小且均一的尺寸。

10

土司

作法 🍳 P.24

如此新穎的土司模型
是如製作真實的土司般,
將一整條土司切片而成的。
無論作成什麼樣的配件,
吸睛度100%!

11

全麥麵包＆農家麵包

作法 🍞 12…P.32・13…P.31

12

13

作品12的全麥麵包可依個人喜好製作。無論是原貌呈現或沾附罌粟籽，看起來都很美味。
作品13農家麵包的製作重點則是在四周呈現出可感受到其酥脆口感的美味樣貌。

麵包材料

和製作一般可食用麵包的材料完全相同，在此將介紹容易製作的分量。
將麵包麵團分切後製作成各種各樣的麵包吧！由於作好的麵團無法保存，請一次使用完畢。

基本麵團 （約30至40個麵包）

高筋麵粉…110g

低筋麵粉…50g

砂糖…16g

鹽…1撮

沙拉油…1小匙

乾酵母…1g

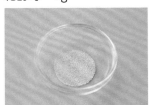

水…85g

麵團的應用＆表面裝飾 （全麥・抹茶・可可麵包的配方參見P.27）

全麥麵粉

抹茶

可可粉

雞蛋

黑芝麻

白芝麻

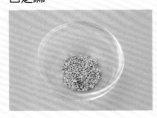

罌粟籽

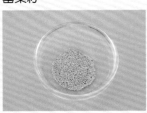

杏仁（烤熟・無調味）

幾乎只需手邊常備的廚房用具即可開始製作。
除了下列用具之外，還需要揉麵板（大尺寸的砧板也OK）＆烘烤麵包的烤箱。

調理盆

建議準備大調理盆使用起來較方便。

小調理盆

用於測量材料重量。

料理秤

電子式，最小可測量1g的款式。

量匙

製作時使用大匙（15ml）＆小匙（5ml）。

量杯

用於測量液體。

木鏟

用於攪拌麵團。

刮板

用於刮取或分切麵團。

烘焙紙

配合烤箱的烤盤裁切後使用。

刷子

用於塗抹蛋液。

剪刀

用於將麵團剪出切口。

小刀

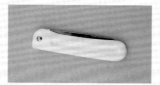

用於將麵團劃出切口。

麵棍

用於擀平麵團。

成品加工的工具

將烤好的麵包進行塗裝時所需要的工具。

模型噴漆

噴霧形態的保護漆。分為有光澤款＆無光澤款。依照個人喜好來使用吧！

黏著劑

用於黏貼磁鐵或胸針。推薦選用萬用白膠或環氧樹脂膠。

基本麵團的作法

攪拌、揉麵等步驟與真的麵包相同。因為加入酵母菌的關係，麵糰會逐漸發酵，因此儘速完成吧！

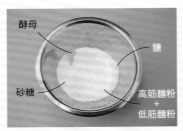

1 在調理盆中加入高筋麵粉＆低筋麵粉。砂糖和鹽分開放置，酵母粉則放在砂糖旁邊。

2 從酵母粉側加水。

3 以木鏟充分揉合混拌。

4 加入沙拉油後，將所有材料攪拌成團狀。

5 以刮板刮下附著於調理盆＆木鏟上的麵團。

6 將麵團放在揉麵板上。

7 一手按住麵團的一端，以另一手掌根用力按壓，延伸整個麵團。

8 再將延伸的麵團收回原處。

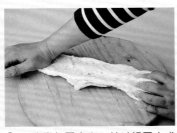

9 改變麵團方向，並以相同方式用力延展。

10 收回原處。重複相同作法約5分鐘。

11 朝向右斜前方，一邊轉動麵團一邊揉麵。

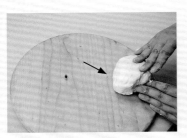

12 往靠近身體側收回。

13 向左斜前方滾動。

14 回到原處。此組動作約重複5至6次。

15 麵團完成。整體成團狀，表面僅殘留非常少量的小洞就代表揉好囉！

分切麵團

ぱんころもち的食譜並沒有保留發酵時間。麵團完成後即可立刻分切，準備開始製作各種麵包。

1 垂直壓入刮板，將麵團分割成兩等分。

2 再分切成四等分，並將其中一塊再次分切成整體麵團的1/8。

3 將分切好的麵團逐個進行整形。

4 將麵團切面往內摺，翻出光滑面。

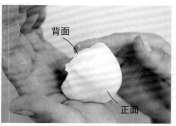

5 翻出的光滑面為正面，摺入側為背面。

6 將麵團翻到背面。

7 將背面的麵團往中央收攏。

8 捏合聚集到麵團的中央。

9 捏合麵團背面的模樣。

10 翻回麵團正面。

11 在手掌上輕輕轉動、聚合麵團。

12 光滑的麵團完成了！

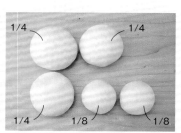

13 以相同方式滾圓所有麵團備用。

14 將要使用的麵團放進調理盆中。為了防止麵團乾燥，覆蓋上保鮮膜＆濕布。

15 剩餘的麵團也以相同方式處理。為了防止過度發酵，請先移至冰箱備用。

小小紅豆麵包

罌粟籽　　　芝麻

約2.5cm　　約2.5cm

麵團的材料＆作法參見P.14至P.17。
烘烤＆成品的加工參見P.33。

將1/4麵團分成八等分。

小小紅豆麵包1個

1 將P.17的1/4麵團分成八等分。

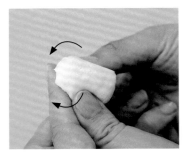

2 將麵團往背面摺入，翻出光滑面。

背面

3 使麵團背面朝上。

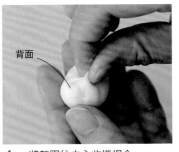

背面

4 將麵團往中心收攏捏合。

5 在手掌上滾圓。

正面　　　背面

6 麵團準備完成。正面沒有接縫，背面則有收合的接痕。

烤盤

7 將麵包麵團正面朝上放在鋪有烘焙紙的烤盤上，以手指稍微壓扁。

8 以刷子在麵團上刷塗蛋液。側面也要確實塗抹。

9 罌粟籽是以指尖沾上蛋液後再黏附罌粟籽，放置於麵團中央。

10 芝麻則是以手指抓起，放在麵團中央。

11 小小紅豆麵包完成！送入烤箱烘烤（參見P.33）。

麥穗麵包

約8cm

麵團的材料&作法參見P.14至P.17。
烘烤&成品的加工參見P.33。

將1/8麵團分成六等分

麥穗麵包
1個

1 將P.17的1/8麵團分成六等分。

背面

2 參見P.18作法將麵團滾圓,背面朝上。

3 以手指按壓成扁平狀,從邊緣開始捲起。

4 捲起後,兩端以手指捏扁。

5 上方的接縫處也以手指捏緊。將此處作為背面。

6 以手指搓成長條狀。

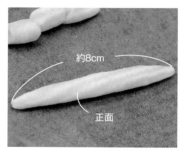

約8cm

正面

7 搓至約8cm長,正面朝上放置在鋪有烘焙紙的烤盤上。

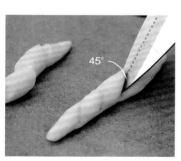

45°

8 以剪刀剪出與麵團呈45°角的切口。

9 共剪開四個切口。

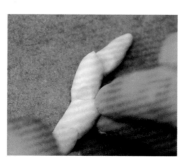

10 自切口處將麵糰左右交錯壓往側邊。

11 將整體塗上蛋液,送入烤箱烘烤(參見P.33)。

4
辮子麵包

約6cm

麵團的材料＆作法參見P.14至P.17。
烘烤＆成品的加工參見P.33。

將1/4麵團分成八等分

辮子麵包
1個

1 將P.17的1/4麵團分成八等分。

2 將麵團直接放在揉麵板上。

3 以手指壓平＆延展。

4 約莫形成較長的等腰三角形。

5 以切板切出兩道切口。末端不要切斷。

6 抓起外側的麵糰。

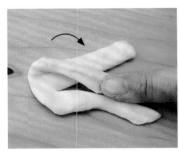

7 摺向中央＆內側麵糰之間。

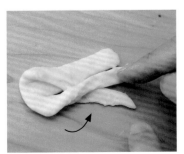

8 再將內側麵糰摺入。

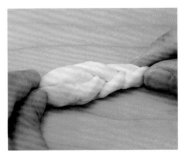

9 重複此步驟五次，製作三股辮，並將末端捏緊收合。

10 放在鋪有烘焙紙的烤盤上，以刷子塗上蛋液。

11 辮子麵包完成！送入烤箱烘烤（參見P.33）。

德國結

約4.5cm

麵團的材料&作法參見P.14至P.17。
烘烤&成品的加工參見P.33。

將1/8的麵團分成十六等分

德國結1個

1 將P.17的1/8麵團分成十六等
分。

背面

2 參見P.18作法將麵團滾圓,使
背面朝上。

3 以手指壓開麵團。

4 從邊緣捲起麵團。

5 兩端以指尖捏緊。

6 上方的接縫也以手指捏緊,並
以此處將作為背面。

7 以手掌將麵團搓成細長條狀。

8 慢慢延展成中段粗兩端細的模
樣。

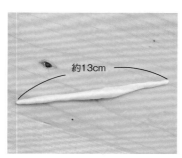

約13cm

9 延伸至13cm長。

10 正面朝上放在鋪有烘焙紙的烤
盤上。彎摺兩端放在較粗的中
段上,以手指輕輕按壓。

11 塗上蛋液,送入烤箱烘烤(參
見P.33)。

P.7 **6**

麵包卷

── 約4.5cm ──

麵團的材料＆作法參見P.14至P.17。
烘烤＆成品的加工參見P.33。

將1/4的麵團分成八等分

麵包卷
1個

1 將P.17的1/4麵團分成八等分。

背面

2 參見P.18作法將麵團滾圓，使背面朝上，以手指壓扁延伸麵團。

3 將兩邊往上捏摺，作出尖角。

4 將對應的兩邊相互接合，並密合直至兩端。

5 以手指捏緊上方＆兩端接縫，並以接縫處作為背面。

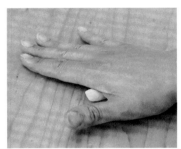

6 以手掌揉搓整形。

粗　　　　　細

7 揉搓成棒狀，使一端粗另一端細。

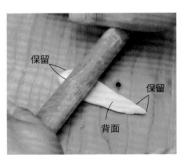

保留

保留

背面

8 背面朝上，以擀麵棍擀平麵團。開頭＆結尾不擀開，保留一小段。

9 將麵團擀成三角形片狀。

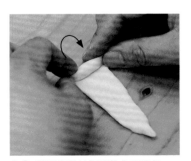

10 將預留的較粗端往內側捲起。

11 一邊注意不要捲得太緊，一邊往較細端捲起。

12 抓起剩餘的細端，拉伸延展麵團。

13 將末端捏合於麵團上，並使接縫位於背面。

14 正面朝上放在鋪有烘焙紙的烤盤上，以刷子塗抹蛋液。

15 麵包卷完成！送入烤箱烘烤（請參見P.33）。

P.8 **7**

杏仁麵包

← 約3.5cm →

麵團的材料＆作法參見P.14至P.17。
烘烤＆成品的加工參見P.33。

將1/4的麵團分成八等分

杏仁麵包 1個

1 將P.17的1/4麵團分成八等分。

正面

2 參見P.18作法將麵團滾圓，使正面朝上，並以手指壓扁麵團。

3 以刮板往中心切出切口。

4 切出三個切口。

5 正面朝上放置在鋪有烘焙紙的烤盤上，以刷子塗抹蛋液。

6 在中央放上杏仁＆以指尖按壓。

7 杏仁麵包完成！送入烤箱烘烤（請參見P.33）。

P.12 **11**

土司

約4cm

約4cm

麵團的材料＆作法參見P.14至P.17。
烘烤＆成品的加工參見P.33。

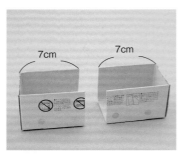

7cm　　7cm

1 製作土司烤模。切下保鮮膜盒兩端。

2 將兩端組接在一起，以釘書機固定數處。

3 以鋁箔紙包覆整體。連內側底部也要包覆完整。

直接使用一整塊1/4麵團。　　背面

4 使用P.17的1/4麵團。參考P.18作法滾圓麵團，使背面朝上，並以擀麵棍壓出十字形壓痕。

保留

5 麵棍從中心往外側擀平，但需保留少許邊緣處。

保留

6 將擀麵棍從中心擀向內側，且同樣保留少許邊緣。

7 縱向滾動擀麵棍，擀平保留的邊緣，如此一來就能擀成四角形的片狀。

8 將麵團擀成了四角形。

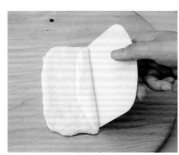

9 以刮板掀起並摺疊麵團。

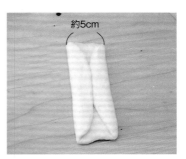

約5cm

10 內摺兩側，使麵團變成約5cm寬。

11 從中央起，以擀麵棍分別朝外側＆內側擀開麵團。

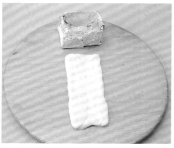

12 確認是否與步驟3中製作的烤模寬度相符。

13 以刮板掀起內側端。

14 以刮板捲起麵團。

15 捲起末端，使其朝上。

16 以手指捏緊接縫。

17 以刷子在烤模內側塗抹沙拉油。麵團接縫朝下放入烤模中。

18 麵團準備完成。讓土司稍微發酵，蓬鬆地蓋上保鮮膜並覆蓋濕布後靜置。

19 讓麵團發酵至高出烤模約3mm左右。

20 放在鋪有烤盤紙的烤盤上，以刷子塗抹蛋液。

21 送入烤箱烘烤（參考P.33），並維持此狀態直接冷卻後脫模。

22 需要切開土司時，以麵包刀依理想的厚度進行切片。

23 切片土司完成！

罌粟籽麵包

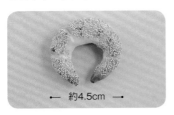

← 約4.5cm →

麵團的材料＆作法參見P.14至P.17。
烘烤＆成品的加工參見P.33。

將1/4的麵團分成八等分

罌粟籽
麵包
1個

1 將P.17的1/4麵團分成八等分。

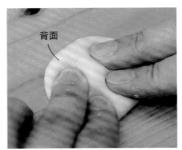

背面

2 參見P.18作法滾圓麵團，並將背面朝上，以手指壓扁延伸麵團。

3 掀起邊緣，開始捲起。

4 以手指直接將上方＆兩端接縫捏緊。以有接縫的一面為背面。

5 以手掌揉搓，整理形狀。

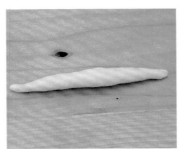

6 搓成長條狀，形成中央粗兩端細的模樣。

7 麵團正面朝上，以刷子塗抹蛋液後，輕輕拿起麵團。

8 灑開罌粟籽，壓上塗抹蛋液的麵團面，沾裹罌粟籽。

9 將整面裹上罌粟籽。

切出四個切口

10 將兩端彎起放在鋪有烤盤紙的烤盤上。以沾濕刀刃的刀子切出四個切口。

11 罌粟籽麵包完成！送入烤箱烘烤（參見P.33）。

全麥麵包・抹茶麵包・可可麵包的配方

麵團作法

ぱんころもち除了基本麵團之外，也有全麥麵包、抹茶麵包及可可麵包的製作配方。
雖然材料不同，但麵團的作法&分割方式皆與基本麵團相同。

1 在調理盆中放入各配方的材料，麵團作法與P.16相同。
2 以揉麵方式使其成團狀。
3 以刮板分切成需要的分量。

■ 全麥麵包

全麥麵粉是帶有胚芽的麵粉，會烤出咖啡色的麵包。

【配方】

全麥麵粉	60g
高筋麵粉	70g
低筋麵粉	30g
砂糖	16g
鹽	1撮
乾酵母	1g
水	80g
沙拉油	1小匙

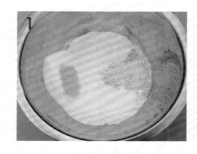

■ 抹茶麵包

麵團呈深綠色。抹茶在烤成麵包後，會隨著時間褪色，因此請在一開始就預先作成深色。

【配方】

抹茶	2大匙
高筋麵粉	110g
低筋麵粉	45g
砂糖	16g
鹽	1撮
乾酵母	1g
水	90g※
沙拉油	1小匙

※一開始先加入90g水量製作，若還殘留
　粉粒，就再添加極少量的水分。

■ 可可麵包

將抹茶麵包的抹茶替換成可可粉，就變成可可麵包了！

【配方】

可可粉	2大匙	鹽	1撮
高筋麵粉	110g	乾酵母	1g
低筋麵粉	45g	水	90g
砂糖	16g	沙拉油	1小匙

可可粉

在此使用沒有砂糖等添加物的純可可粉。

P.3 **1**

貝果

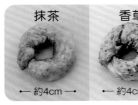

抹茶	香草
← 約4cm →	← 約4cm →

麵團的材料與作法於P.27。
烘烤＆成品的加工參見P.33。

以基本麵團或可可麵團製作也很可愛。與芝麻或罌粟籽等材料自由組合搭配吧！

將1/4的麵團分成八等分

貝果1個

1 使用P.27的抹茶麵包麵團，並將1/4的麵團分成八等分。

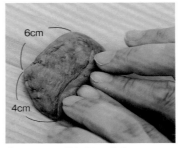

6cm / 4cm

2 以手指將麵團壓扁成6cm×4cm的四角形。從6cm的長邊開始捲起。

3 接縫朝上。

4 以手指捏緊上方＆兩端接縫，並以接縫處那面作為背面。

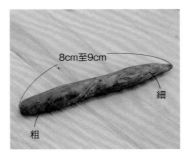

8cm至9cm / 細 / 粗

5 作成一端粗一端細的形狀。

6 接縫朝上，以手指壓平較粗的那端。

7 將麵團捲起，以壓扁的一端包捲較細的一端。

8 捏緊包覆後的接縫。

9 放在鋪有烘焙紙的烤盤上，並塗上蛋液。再以指尖抓起香草，灑在表面。

10 罌粟籽則是拿起麵團直接壓附在正面。

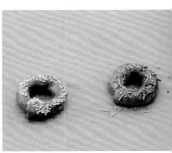

11 貝果完成！送入烤箱烘烤（參見P.33）。

芝麻麵包

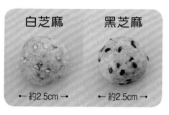

白芝麻　黑芝麻

← 約2.5cm →　← 約2.5cm →

麵團的材料與作法於P.27。
烘烤＆成品的加工參見P.33。

將1/4的麵團分成十二等分

芝麻麵包
1個

1 使用P.27的全麥麵包麵團，並將1/4的麵團分成十二等分。

2 在揉麵板上灑上芝麻，並放上切面朝上的麵團。

3 以手指壓扁麵團，沾附芝麻。

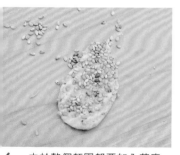

4 由於整個麵團都要加入芝麻，因此盡量沾附多一點芝麻。

5 將沾附芝麻面朝下，放在手掌上。

6 將未沾附芝麻面收進內側，作成團狀。

7 以手指捏緊接縫，以有接縫的一面作為背面。

8 以手滾圓整形成球狀。

9 正面朝上放置在鋪有烘焙紙的烤盤上，並以刷子塗抹蛋液。

10 再放上芝麻。

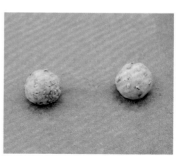

11 芝麻麵包完成！送入烤箱烘烤（參見P.33）。

P.10 9

面具麵包

約5cm

麵團的材料與作法於P.27。
烘烤＆成品的加工參見P.33。

將1/4的麵團分成八等分

面具麵包1個

1 使用P.27的全麥麵包麵團，並將1/4的麵團分成八等分。

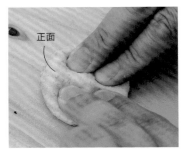

正面

2 參見P.18作法將麵團滾圓，正面朝上。再以手指壓扁延伸麵團。

3 壓成扁平狀。

4 以擀麵棍整形，從中心分別朝外側＆內側撤開。

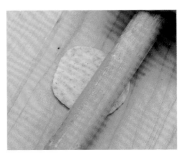

5 改變擀麵棍方向，以相同方式撤開。

6 模仿樹葉形狀作出圓潤的三角形狀。

7 以刮板在中央作出切口。

8 再斜向作出兩道切口。上方切口呈現直線，下方則配合麵團曲線。

9 為了不讓切口在烘烤時閉合，切口請盡量切開一些。

10 放在鋪有烘焙紙的烤盤上，以刷子塗抹蛋液。

11 面具麵包完成！送入烤箱烘烤（參見P.33）。

農家麵包

麵團的材料與作法於P.27。
烘烤&成品的加工參見P.33。

直接使用全部麵團的1/4

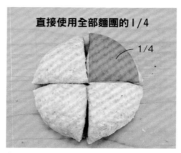

1/4

1 使用P.27的全麥麵包麵團,將1/4的麵團分成四等分直接使用。

2 參見P.18作法將麵團滾圓,背面朝上,並將擀麵棍壓在中心位置。

3 改變方向壓出十字。

殘留

殘留

4 以擀麵棍分別從中央往外側&內側擀開麵團,並在兩端保留少許麵團不擀平。

5 改變擀麵棍方向,擀平剩餘部分。

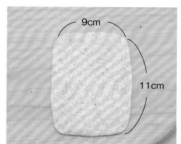

9cm

11cm

6 將麵團擀成四角形。

7 從9cm側捲起。

8 捲起末端朝上,以手指捏緊接縫。

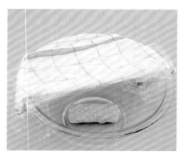

9 將麵團放入調理盆中,包上保鮮膜,並覆蓋濕布等待發酵。

10 發酵至直徑大約4cm左右,放置於鋪有烘焙紙的烤盤上,並以刷子塗抹蛋液。

11 送入烤箱烘烤(參見P.33)。農家麵包完成!使用麵包刀切片。

P.13 **12**
全麥麵包

原味　　罌粟籽

← 約5cm →　← 約5cm →

麵團的材料與作法於P.27。
烘烤＆成品的加工參見P.33。

將1/4的麵團分成八等分

全麥麵包
1個

1 使用P.27的全麥麵包麵團,將
1/4的麵團分成八等分。

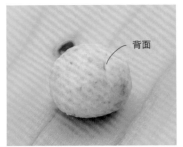

背面

2 參見P.18作法滾圓麵團,背面朝
上。

3 以手指壓開麵團。

4 從邊緣捲起。

5 捲好後捏緊兩端。

6 接縫朝上,以手指捏緊。

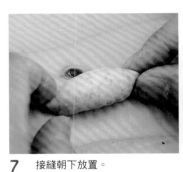

7 接縫朝下放置。

8 以刷子塗抹蛋液。製作原味
時,在此步驟後直接劃出切
口。

9 沾附罌粟籽。

10 放在鋪有烘焙紙的烤盤上,以水
沾濕的刀子劃出三道切口。

11 全麥麵包完成!送入烤箱烘烤
(參考P.33)。

麵包的烘烤方式

放在已預熱完成的烤箱下層（遠離上方熱源處），以190℃烘烤18分鐘。依據烤箱不同，烤焙的狀況也有所不同；因此在出爐前2至3分鐘，請觀察狀態注意不要烤焦。

由於抹茶麵團特別容易有燒焦或顏色變成咖啡色的情況，稍微烘烤上色後就請蓋上鋁箔紙，視情況調整以防燒焦。

烘烤前

以190℃
烘烤
約18分鐘

出爐了！

以鋁箔紙輔助調整

成品加工

1 進行乾燥

為了使烤好的麵包能長久保存，要讓水分完全蒸散。請將麵包放在篩子或網架上，以電扇吹一晚使其乾燥。

2 防腐處理

將成品移至室外，噴上兩層透明保護漆。背面也不要忘記，毫無遺漏的噴塗並陰乾。
※日曬會導致褪色，因此請置放於
　陰涼處風乾。

3 裝接零件

以黏著劑黏上強力磁鐵或胸針。
由於麵包容易傾倒，建議在下方鋪上毛巾較容易固定。

磁鐵

強力磁鐵

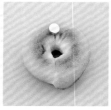

胸針

胸針底座

吊飾

插入環

以黏著劑固定。

以較粗的針在塗了保護漆的麵包上開洞，置入插入環並以黏著劑固定。

創作家介紹

カリーノぱん

因製作動物麵包等可愛造型
而大受歡迎,
在網路社群上也擁有許多粉絲的カリーノぱん。
以宛如從圖畫書中跑出來的麵包
為概念製作作品。
一起享受讓人溫暖微笑的
世界觀的療癒魅力吧!

HP　http://carinopan.com/
minne　https://minne.com/panpanpan115

此頁作品圖為原寸大小。

貓咪肉墊麵包

作法 P.48

僅以圓形就能簡單可愛完成的造型。
也很推薦製作二至三個,配戴成宛如貓腳印的感覺唷!

背後是胸針底座

小熊麵包

作法  P.50

小熊麵包有原味＆可可雙色。
一點一點描繪出眼睛＆嘴巴，
點綴上溫馨的表情吧！

15

人氣極速上升中的手撕麵包。
雖然很小很精細，
但完成時的魅力令人難以抗拒。
小熊手撕麵包可作成四角形或圓形。
挑選喜歡的作法開始作作看吧！

小熊手撕麵包

作法 🍳 16・17…P.51

巧克力
&鮮奶油螺旋麵包

作法 🎞 P.52

大家都喜歡的螺旋麵包，圓潤的外型也相當適合作成手機吊飾！
捲在烤模上烘烤後，擠入奶油土的瞬間也是樂趣之一。

奶油麵包 & 烏龜麵包

作法  19 …P.49 · 20 …P.54

被咖啡時光吸引而來的烏龜麵包。
龜殼是以菠蘿麵包製作而成。
外觀簡單的奶油麵包相當可愛,
排列數個就很棒囉!

19

20

蘋果麵包&栗子麵包 作法 🕐 21…P.56・22…P.57

重點在於蒂頭的蘋果麵包。
栗子麵包則以可可麵團&罌粟籽的對比效果吸引目光。
試著一次烤好許多,品嚐豐收的氛圍吧!

裝飾在
夾子上

21

22

23

24

肉桂卷
&刺蝟麵包

作法 23…P.58・24…P.60

因肉桂卷散發出美味香氣
而聚集的刺蝟們。
背上的刺就以剪刀喀嚓喀嚓地
剪開製作吧！

花環麵包

作法  P.62

25

將三股辮的兩端接合＆在中央裝飾上緞帶，
花環麵包就完成了♪
這是只需替換緞帶的顏色就能改變氣氛，令人開心的設計。
裝飾在包包上，外出似乎也會變得很愉快。

蝴蝶結麵包

作法  P.61

26

以裝飾成宛如糖球般的珠子令人印象深刻的蝴蝶結麵包。
放在髮圈上或當作項鍊墜飾……作成單品也很有效果喔！

麵包材料　此為カリーノぱん的原創食譜，在此將介紹容易製作的分量。
由於完成的麵團無法保存，請一次使用完畢。

基本麵團　（10至15個麵包）

高筋麵粉…50g

砂糖…5g

鹽…1g

牛奶…35g

奶油…5g

乾酵母…1g

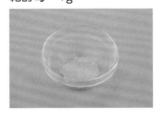

麵團的運用＆表面裝飾　（可可麵團的配方參見P.51）　也使用食品之外的素材進行表面裝飾。

肉桂

可可粉

罌粟籽

杏仁片

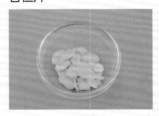

指甲油（焦糖棕色）

用於描繪動物麵包的五官。

奶油土（咖啡色・白色）

製作飾品的溶劑。部分均一價商店中也能購得。

微粒玻璃珠

模型用的細小玻璃顆粒，在此作為代替菠蘿麵包的砂糖使用。

大圓珠

嵌入麵包中直接烘烤。

烤焙用具

除了下列用具之外，還需要揉麵板（大尺寸的砧板也OK）&烘烤麵包的烤箱。

調理盆

建議準備大調理盆使用起來較方便。

小調理盆

用於測量材料重量。

料理秤

電子式，最小可測量lg的款式。

量匙

製作時使用大匙（15ml）&小匙（5ml）。

量杯

用於測量液體。

刮板

用於刮取或分切麵團。

麵棍

用於擀平麵團。

剪刀

用於將麵團剪出切口。

烘焙紙

配合烤箱的烤盤裁切後使用。

成品加工的工具

將烤好的麵包進行塗裝時所需要的工具。

黏著劑

用於黏貼磁鐵或胸針。推薦選用萬用白膠或環氧樹脂膠。

透明漆

液態透明漆。分為有光澤款&無光澤款。依照個人喜好來使用吧！

筆刷

用來刷塗透明漆的筆刷。建議選用尺寸稍小的平筆較為方便。

除此之外，描繪五官時也會使用牙籤。

基礎麵團
作法

這是加入奶油＆牛奶的的正統麵團，並需以烤箱發酵、製作麵團。

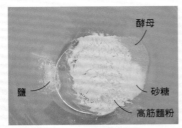

1 在調理盆中放入高筋麵粉。砂糖和鹽分開放置，並將酵母置於砂糖旁邊。

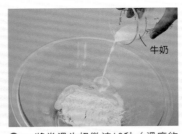

2 將常溫牛奶微波10秒（溫度約為40℃），從酵母側加入。夏季時，直接常溫使用即可。

3 以手迅速混合。

4 以按壓的方式聚集附著於調理盆邊緣的麵團。

5 充分揉捏混合，使整體成團狀。

6 拿起麵團，黏取調理盆上的麵團。

7 將麵團放置於揉麵板上。

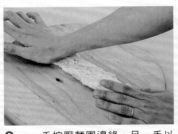

8 一手按壓麵團邊緣，另一手以掌根用力壓住，拉伸整個麵團。

9 捲起延伸的麵團，回到原處。

10 重複此作法20次。

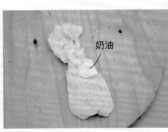

11 將奶油放在展開的麵團上。

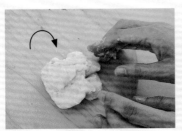

12 將麵團往內側捲回。

13 抓起整個麵團並壓扁。

14 將壓扁的麵團直立抓起。

15 一手壓住麵團，另一手延展麵團。

16 捲起麵團回到原點。

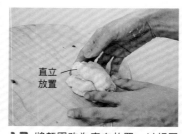

直立放置

17 將麵團改為直向放置，以相同方式揉捏。重複此作法10至15分鐘，直至麵團呈光滑狀為止。

18 麵團完成。接著準備進行發酵。

19 在較大的調理盆中放入麵團，並蓋上保鮮膜防止乾燥。

20 覆蓋上濕布巾。

21 以烤箱的發酵模式（約40℃‧30分鐘）進行發酵。

22 發酵完成。比發酵前大兩倍左右。

高筋麵粉

23 準備進行麵團排氣。使手指沾上少許高筋麵粉。

24 將手指從麵團上方插入。

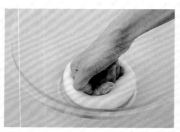

25 以握緊的全部手指擠壓麵團，如此一來就完成排氣囉！

26 以手將麵糰漂亮地滾圓。

27 放在揉麵板上，麵團的準備工作完成。

28 以刮板切下要使用的麵團分量，並垂直切開麵團。

29 以料理秤測量＆分割出製作各個麵包所需的分量。

30 將切下的麵團滾圓，製作各種麵包。

31 為防止一起製作好的麵團乾燥，覆蓋上保鮮膜。

P.35 **14**

貓咪肉墊麵包

← 約3.5cm →

麵團的材料＆作法參見P.44至P.47。
烘烤＆成品加工參見P.64。

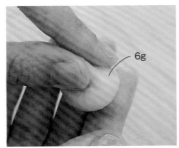

1 取6g麵團滾圓。

2 以刮板將麵團切半。

3 其中一半將切面收入裡側，並
以手指捏緊滾圓。

正面

4 以收起側為背面，將正面朝上
放置。

5 以手指稍微壓扁。

6 取步驟2切開的另一半再繼續以
刮板分切。

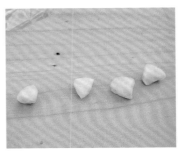

7 分切成四等分。

8 一個一個滾圓。

9 將步驟5放在鋪有烘焙紙的烤盤
上。

10 把步驟8製作的麵團與步驟5的
麵團黏著擺放出造型。

11 黏上四個小球，送入烤箱烘烤
（參見P.64）。

奶油麵包

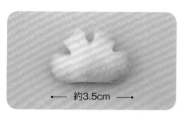

← 約3.5cm →

麵團的材料＆作法參見P.44至P.47。
烘烤＆成品加工參見P.64。

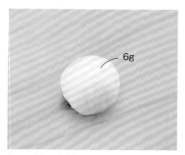

6g

1 取6g麵團，以手指捏起切面＆收入裡側後滾圓。

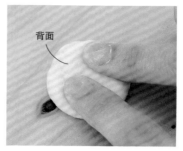

背面

2 以收合面作為背面，將背面朝上，以手指壓扁麵團。

3 壓成均勻的扁圓狀。

4 對摺。

5 立起麵團。

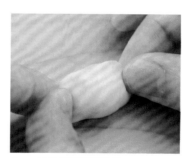

6 以手指捏緊接縫處。

7 以手指略微壓平麵團。

8 以刮板從麵團中心作出完全切斷的切口。

9 切出三個切口。

10 以手指撥開，以防烘烤時閉合。

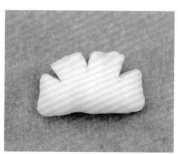

11 放在鋪有烘焙紙的烤盤上，送入烤箱烘烤（參見P.64）。

P.36 15

小熊麵包

原味　　可可

← 約2.5cm →　← 約2.5cm →

麵團的材料&作法參見P.44至P.47。
烘烤&成品加工參見P.64。

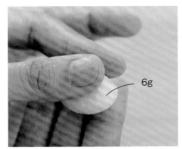

1 取6g麵團,以手指捏起切面&
收入裡側後滾圓。

6g

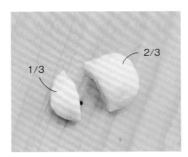

2 以刮板將麵團分切成1/3和
2/3。

1/3　2/3

3 將2/3麵團切面收入裡側,邊緣
以指尖捏起後滾圓。

正面

4 以收起面作為背面。將麵團的
正面朝上,放在鋪有烘焙紙的
烤盤上。

5 將剩餘的麵團分切出少許分
量,製作鼻子。

6 將鼻子揉圓,放在步驟4的麵團
上。

7 將1/3麵團再對切。

8 滾圓麵團製作耳朵。

9 黏在步驟6的麵團上,放置在烤
盤上。

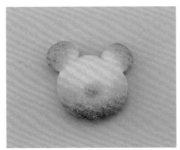

10 送入烤箱烘烤,且需烤乾。
(參見P.64)

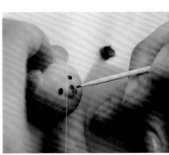

11 完全冷卻後,以牙籤沾取指甲
油描繪臉部。

P.37 **16・17**

小熊手撕麵包

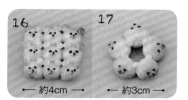

16	17
← 約4cm →	← 約3cm →

麵團的材料＆作法參見P.44至P.47。
烘烤＆成品加工參見P.64。

16的作法 ※17是使用5個本體排列成圓形，以相同方式製作。

1g

1 所需麵團全部約10g。分取1g滾圓，放在鋪有烘焙紙的烤盤上。

共9g

2 將九個麵團各自滾圓並相互貼合地放置在烤盤上。

3 取極少量麵團搓圓作成鼻子。

4 將鼻子放在本體麵團上。再放上以少量麵團滾圓製作而成的耳朵。

5 九個皆以相同方式放上鼻子與耳朵。

6 以烤箱烘烤，並烤乾。（參見P.64）。

7 等到完全冷卻後，以牙籤沾取指甲油描繪臉部。

可可麵團的作法

牛奶35g
＋
可可粉
1g

1 事先以製作基本麵團時的牛奶（適當溫度約為40℃）溶解可可粉。

2 以基本麵團相同方式製作。

3 可可麵團完成。

可可麵團的手撕麵包

鼻子以基本麵團製作，其餘皆使用可可麵團製作。

P.38 18

螺旋麵包

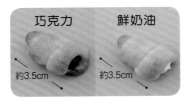

巧克力	鮮奶油
約3.5cm	約3.5cm

麵團的材料＆作法參見P.44至P.47。
烘烤＆成品加工參見P.64。

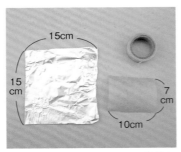

摺起

1　製作螺旋麵包烤模。準備好15cm方形鋁箔紙、10cmx7cm烘焙紙及紙膠帶。

2　將鋁箔紙對摺後，從邊角捲起。

3　捲成圓錐狀。

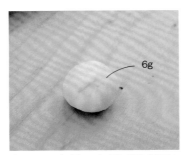

6g

背面

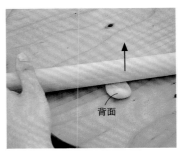

4　捲裏上烘焙紙。

5　末端以紙膠帶固定，烤模完成了！

6　取6g麵團，以手指捏起切面＆收入裡側後滾圓。

7　以收起處作為背面。將背面朝上放置，從中心往外側滾動擀麵棍，擀開麵團。

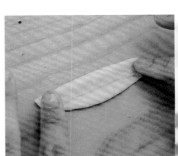

8　再由中心往內側擀開。

9　將麵團擀成長片狀。

10　連同揉麵板一起轉動，改變方向，將外側約1/3處摺往內側。

11　以手指輕壓黏合。

12 摺起內側1/3處，以手指捏緊接縫。

13 以手指搓長麵團。

14 延伸成一端細一端粗的狀態。

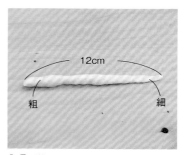

15 搓至約12cm長。

16 麵團正面朝上，從細端開始捲附於烤模上。

17 使麵團呈斜向，一邊輕輕拉扯一邊纏繞烤模。

18 捲起時，使麵團稍微重疊。

19 將末端收在後側，以手指輕壓。

20 放置在鋪有烘焙紙的烤盤上，接縫朝下。

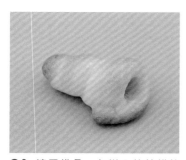

21 連同模具一起送入烤箱烘烤（參見P.64），再移除模具使其完全冷卻。

22 擠入奶油土。將管口前端置入螺旋麵包開口，再開始擠壓。

23 將奶油土擠滿至接近開口的狀態，靜置乾燥。

P.39 **20**

烏龜麵包

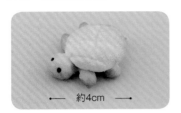

← 約4cm →

麵團的材料&作法參見P.44至P.47。
烘烤&成品加工參見P.64。

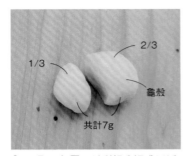

2/3

1/3

龜殼

共計7g

1 取7g麵團，以刮板分切成1/3和2/3。

切下的1/3麵團

頭　手　腳　尾巴

2 將1/3麵團切成4份。

3 製作頭部。以手指捏起切面&收入裡側後滾圓，並捏起一端。

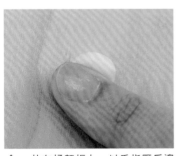

4 放在揉麵板上，以手指壓扁邊端。

5 放在鋪有烘焙紙的烤盤上。

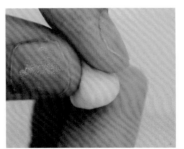

6 製作手腳。將步驟2切下的麵團滾圓。

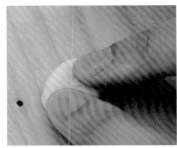

7 以手指壓成扁平狀。

8 往內側捲起。

9 以手指捏緊捲起的接縫。

10 以手指搓長。

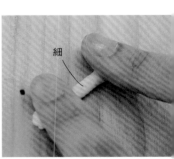

細

11 作成中間細兩端粗的形狀。共需製作2條。

12 將手腳放在頭部上方。

13 製作尾巴。先滾圓後再抓出尖端。

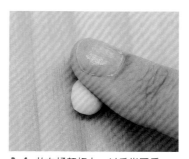

14 放在揉麵板上，以手指壓扁。

15 將尾巴放置在腳部中心，以手指壓附貼合。

16 製作龜殼。以以手指捏起切面&收入裡側後滾圓。

17 以手指抓起接縫處，使麵糰壓附上玻璃珠。

18 將表側裏上玻璃珠，以此作為粗糖粒。

19 以刮板作出紋路，用力壓出三道痕跡。

20 改變麵團方向，再壓入三道紋路形成格紋。

21 龜殼完成。

22 將龜殼放在手腳上，送入烤箱烘烤並烤乾（參見P.64）。冷卻後，以指甲油描繪眼睛（參見P.50）。

應用・菠蘿麵包

只烤烏龜麵包的龜殼，就變成菠蘿麵包囉！

P.40 **21**

蘋果麵包

約3cm

麵團的材料＆作法參見P.44至P.47。
烘烤＆成品加工參見P.64。

6g

1 取6g麵團，以手指捏起切面＆
收入裡側後滾圓。

2 以刮板分切下少量麵團用來製
作蘋果蒂頭。

3 以手指捏起，將切面收入裡側
後滾圓，並以收合側當成背
面。

正面

4 正面朝上放置在揉麵板上，以
刮板切出切口。

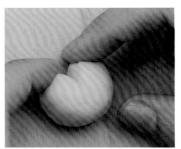

5 以手指分開切口調整形狀。

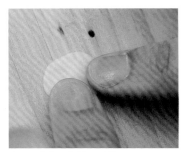

6 將蒂頭麵團以手指壓開。

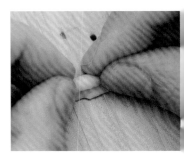

7 往內側捲起。

8 以手指捏緊接縫。

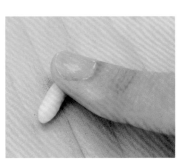

9 以手指搓成細長條。

10 放置在鋪有烘焙紙的烤盤上。

11 將蘋果放在蒂頭上方，送入烤
箱烘烤（參見P.64）。

P.40 **22**

栗子麵包

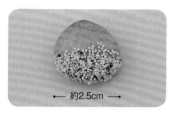

← 約2.5cm →

麵團的材料＆作法參見P.44至P.47。
烘烤＆成品加工參見P.64。

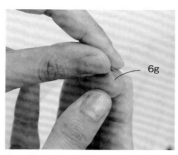

6g

1 取6g可可麵團，以手指捏起切
面＆收入裡側後滾圓。

2 以收起處作為背面。背面朝上
放置於揉麵板上。

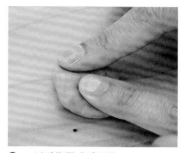

3 以手指壓成扁平狀。

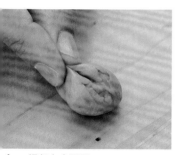

4 捏起上方兩側。

5 剩餘處則以雙手指頭從兩邊捏
起。

背面

6 作出三角形狀，並以捏合處為
背面。

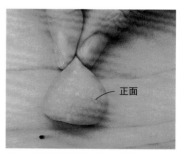

正面

7 將麵團翻至正面，並將之前捏
起的地方作得更加尖銳。

8 抓起麵團，壓附上罌粟籽。

9 為了讓麵團裹上更多，以沾濕
的手指沾取罌粟籽。

10 以手指將罌粟籽黏在麵團上。

11 放置在鋪有烘焙紙的烤盤上，
送入烤箱烘烤（參見P.64）。

P.41 **23**

肉桂卷

← 約2cm →

麵團的材料＆作法參見P.44至P.47。
烘烤＆成品加工參見P.64。

1 製作肉桂糖。
在小調理碗中放入肉桂粉＆砂糖。

2 以湯匙充分攪拌混合。

30g

3 取30g麵團，以手指捏起切面＆收入裡側後滾圓。

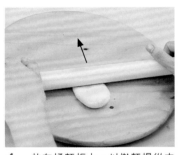

4 放在揉麵板上，以擀麵棍從中心往外側擀開。

5 再以擀麵棍從中心往內側擀開麵團。

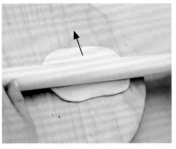

6 連同揉麵板一起改變方向，再以相同方式擀開麵團。

7 將麵團擀開，整形成長方形。

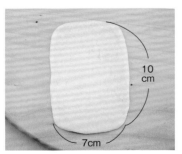

10 cm

7cm

8 擀開至長約7cm、寬約10cm，麵團準備完成。

9 將肉桂糖灑在麵團上。

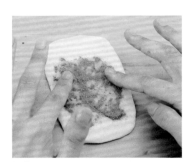

10 以手指將肉桂糖均勻地推開在整個麵團上。

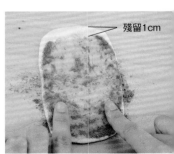

殘留1cm

11 外側邊緣保留1cm不要塗抹，並以手指撥去多餘的肉桂糖。

12 將麵團整體塗抹上肉桂糖。

13 抓起7cm側的邊緣開始捲起。

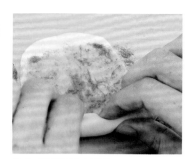

14 捲緊以防止鬆開。

15 捲至最後,使接縫朝上。

16 從中央開始,以手指捏緊接縫。

17 捏緊閉合至兩端。

18 將接縫朝下放置。

19 以刮板淺淺地作出間距約1cm寬的分切記號。

20 以刮板自分切記號處垂直切下。

21 把麵團放置於手掌上,一邊轉動一邊整形。

22 放置於鋪有烘焙紙的烤盤上,依喜好放上切成小塊的杏仁片,再送入烤箱烘烤(參見P.64)。

24

刺蝟麵包

約2.5cm

麵團的材料＆作法參見P.44至P.47。
烘烤＆成品加工參見P.64。

6g

1 取6g麵團，以手指捏起切面＆收入裡側後滾圓。

2 以切板分切下鼻子用的少量麵團。

3 以手指捏起切面＆收入裡側後滾圓，並以收合處作為背面。

4 正面朝上放置於手掌上，如圖所示手持剪刀。

5 以剪刀尖端稍微剪開麵團。

6 剪出三處切口。

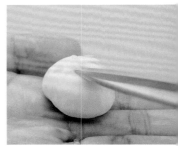

7 在步驟6的後方再剪出兩處切口。

8 在步驟7的後方再剪出三處切口。

9 在步驟8的後方再剪出兩處切口。一共剪出四排切口。

10 裝上刺蝟的鼻子。

11 放在鋪有烘焙紙的烤盤上，送入烤箱烘烤並烤乾（參見P.64）。冷卻後以指甲油描繪眼睛（參見P.50）。

P.43 **26**

蝴蝶結麵包

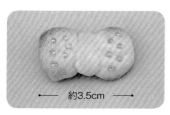

約3.5cm

麵團的材料&作法參見P.44至P.47。
烘烤&成品加工參見P.64。

1 取6g麵團,並以刮板分切下少量。

合計6g

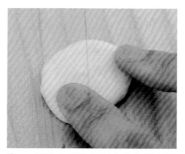

2 以手指捏起切面&收入裡側後滾圓,再使接縫朝下放置,以手指壓開麵團。

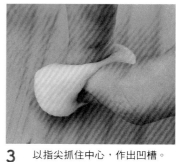

3 以指尖抓住中心,作出凹槽。

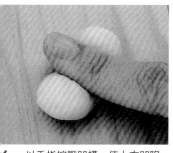

4 以手指按壓凹槽,使上方凹陷。

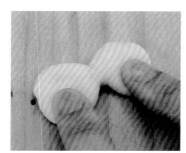

5 以手指壓開兩側,擴散成扁平狀。

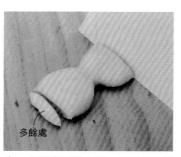

多餘處

6 以刮板切除兩端,使蝴蝶結邊緣呈現筆直狀。

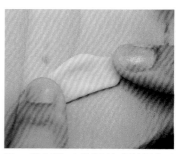

7 將步驟1中分切的麵團滾圓後延展壓平。

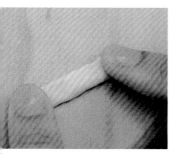

8 往內側捲起,使接縫朝下並壓平。

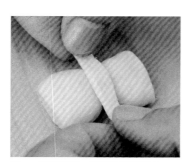

9 接縫朝下,捲覆於蝴蝶結上。

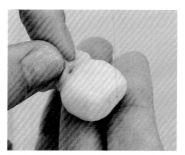

10 將接縫以手捏合於蝴蝶結後方。

11 以牙籤戳出小洞後,放入珠子;由於燒烤時珠子會被撐起,因此請盡量埋深一點。最後再送入烤箱烘烤(參見P.64)。

P.42 **25**

花環麵包

← 約4.5cm →

麵團的材料＆作法參見P.44至P.47。
烘烤＆成品加工參見P.64。

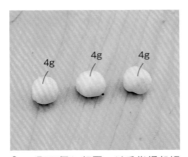

4g　　4g　　4g

1 取三個4g麵團，以手指捏起切
面＆收入裡側後滾圓。

2 接縫朝上放置於揉麵板上，以
擀麵棍從中央朝外側擀開，再
由中央朝內側擀開。

3 連同揉麵板一同改變方向。

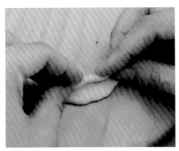

4 由外側往內側摺疊麵團。

5 再將麵團由內側摺往外側，使
接縫朝上。

6 以手指捏起接縫並壓緊。

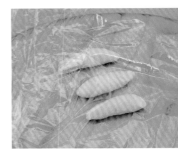

7 以相同方式製作三條。為了防
止乾燥覆蓋上保鮮膜。

8 以手指搓長麵團。

9 由於無法一次作出想要的長
度，因此要慢慢延伸。稍微搓
長後，以相同方式延伸下一個
麵團。

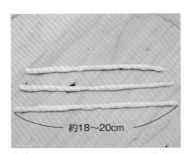

約18～20cm

10 將三條交互延伸至可編織成三
股辮的長度。

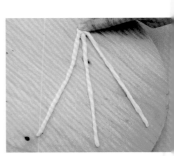

11 將三條對齊，一端以手指壓合

12 輕輕拉起麵團條，編織三股辮。

13 編至最末端後，以指腹壓合。

14 從揉麵板上移開，製作花環。

15 以編織開端處包覆末端，並以手捏合。

16 放置於鋪有烘焙紙的烤盤上。

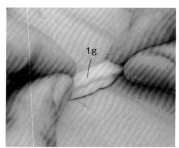

17 取1g麵團作為連結接縫的麵團。滾圓後以手指延展壓扁，將外側端摺往內側。

18 再將內側端摺往外側，使接縫朝上。

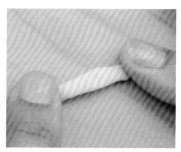

19 以手指捏合接縫。

20 使無接縫面朝上，捲覆於花環上。

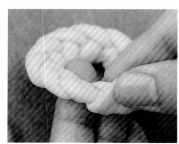

21 閉合於花環背面。

22 送入烤箱烘烤（參見P.64）。

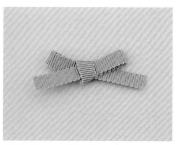

23 將15cm的鍛帶打結，調整至良好的平衡後修剪，再以黏著劑黏貼於烤好並塗上保護漆的麵包上。

麵包的烘烤方式

烘烤前

出爐了！

放在已預熱完成的烤箱下層（遠離上方熱源處），以190℃烘烤18分鐘。依據烤箱不同，烤焙的狀況也有所不同；因此在出爐前2至3分鐘，請觀察狀態注意不要烤焦。烘烤上色後將溫度調降至100℃烘烤30分鐘，烤至水分完全蒸散。

以180℃烘烤約15分鐘 ➡ 以100℃烤約30分鐘

成品加工

1 進行乾燥

為了使烤好的麵包能夠長久保存，要讓水分完全蒸散。建議將麵包放在篩子或網架上，放置在通風量好處乾燥一晚。

2 防腐處理

將麵包塗上透明漆。以紙杯盛裝少量透明漆，以筆刷進行塗抹。背面也不要忘記，毫無遺漏地塗抹整體後靜置乾燥。以指甲油描繪臉部的麵包則需等待指甲油完全乾燥後再塗刷透明漆。

3 裝接零件

以萬用白膠或環氧樹脂膠黏貼髮圈及胸針。髮圈則選擇手工藝用，附有底座的款式。

髮圈

附底座髮圈　底座

吊飾

插入環

以黏著劑固定。

以較粗的針在塗了透明漆的麵包上開洞，置入插入環並以黏著劑固定。（螺旋麵包由於已經有洞了，所以直接插入即可。）

聞得到麵包香喔！不玩黏土，揉麵糰！
不能吃の～ 袖珍模型麵包雜貨

作　　者／ぱんころもち・カリーノぱん
譯　　者／周欣芃
發 行 人／詹慶和
總 編 輯／蔡麗玲
執行編輯／陳姿伶
編　　輯／蔡毓玲・劉蕙寧・黃璟安・李佳穎・李宛真
封面設計／韓欣恬
美術編輯／陳麗娜・周盈汝
內頁排版／造極
出 版 者／Elegant-Boutique新手作
發 行 者／悅智文化事業有限公司　郵政劃撥帳號／19452608
戶　　名／悅智文化事業有限公司
地　　址／220新北市板橋區板新路206號3樓
網　　址／www.elegantbooks.com.tw
電子郵件／elegant.books@msa.hinet.net　電話／(02)8952-4078
傳　　真／(02)8952-4084

2017年5月初版一刷　定價280元

Lady Boutique Series No.4253
PAN KIJI DE TSUKURU MINIATURE PAN ZAKKA
© 2016 Boutique-sha, Inc.
All rights reserved.
Original Japanese edition published in Japan by BOUTIQUE-SHA.
Chinese (in complex character) translation rights arranged with BOUTIQUE-SHA.
through KEIO CULTURAL ENTERPRISE CO., LTD.

經銷／高見文化行銷股份有限公司
地址／新北市樹林區佳園路二段70-1號
電話／0800-055-365　　傳真／(02)2668-6220

國家圖書館出版品預行編目(CIP)資料

聞得到麵包香喔！不玩黏土，揉麵糰！不能吃の～
袖珍模型麵包雜貨 / ぱんころもち・カリーノぱん
著；周欣芃譯.
-- 初版一刷. -- 新北市：新手作出版：悅智文化發行,
2017.05
　　面；　公分. -- (趣.手藝；73)
譯自：パン生地でつくる ミニチュアパン 貨
ISBN 978-986-94731-0-1(平裝)

1.手工藝 2.模型

426.79　　　　　　　　　　　　106005855

攝影贊助

AWABEES
UTAUWA
JAM COVER　EAST TOKYO
JAM COVER　TAKASAKI
http://www.jamcover.com

Staff

編　　輯／柳花香 ・ 三城洋子
作法校對／安彥友美
攝　　影／藤田律子
書籍設計／三部由加里

Elegantbooks
以閱讀，
享受幸福生活

趣・手藝 16

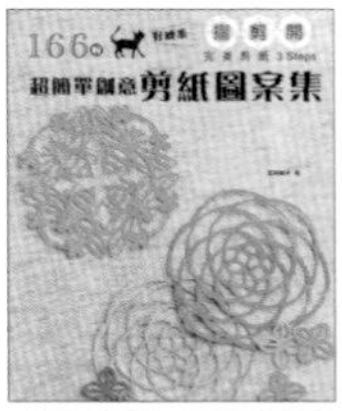

166枚好感系・超簡單創意剪紙圖案集：摺！剪！開！完美剪紙3 Steps

室岡昭子◎著

定價280元

趣・手藝 17

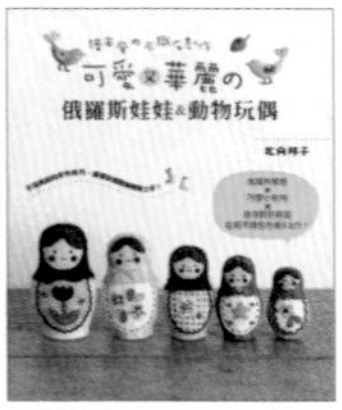

可愛又華麗的俄羅斯娃娃&動物玩偶：繪本風の不織布創作

北向邦子◎著

定價280元

趣・手藝 18

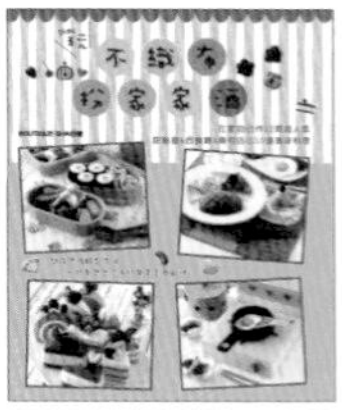

玩不織布扮家家酒！——在家自己作12間超人氣甜點屋&西餐廳&壽司店的50道美味料理

BOUTIQUE-SHA◎著

定價280元

趣・手藝 19

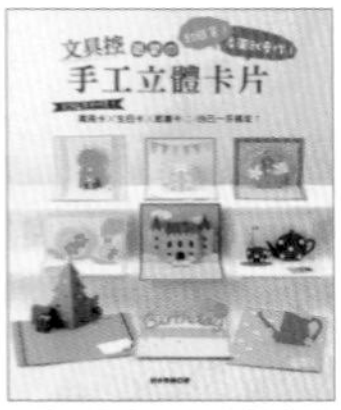

文具控最愛の手工立體卡片——超簡單！看圖就會作！祝福不打烊！萬用卡・生日卡・節慶卡自己一手搞定！

鈴木孝美◎著

定價280元

趣・手藝 20

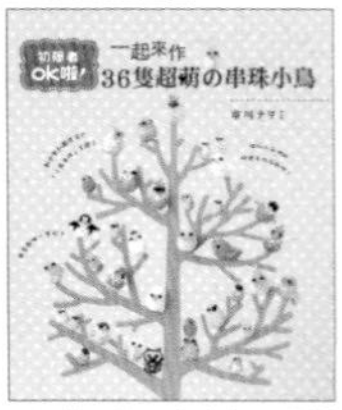

初學者ok啦！一起來作36隻超萌の串珠小鳥

市川ナヲミ◎著

定價280元

趣・手藝 21

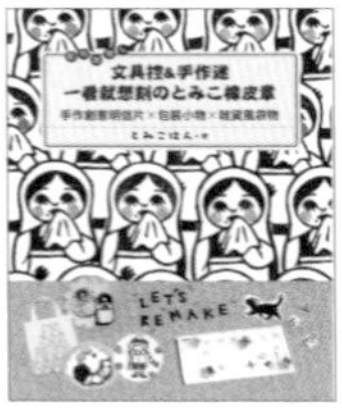

超有雜貨FU！文具控&手作迷一看就想刻のとみこ橡皮章手作創意明信片x包裝小物x雜貨風袋物

とみこはん◎著

定價280元

趣・手藝 22

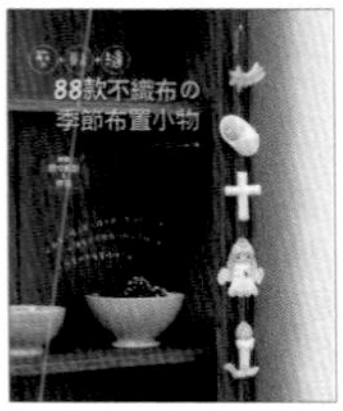

剪+貼+縫！88款不織布の季節布置小物

BOUTIQUE-SHA◎著

定價280元

趣・手藝 23

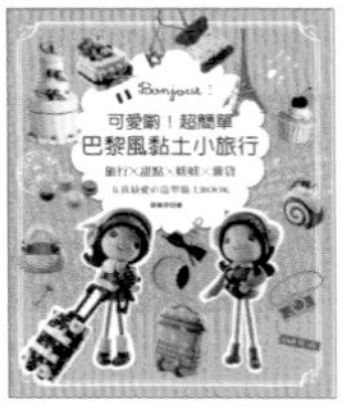

Bonjour！可愛喲！超簡單巴黎風黏土小旅行：

旅行・甜點・娃娃・雜貨——女孩最愛の造型黏土BOOK

蔡青芬◎著

定價320元

趣・手藝 24

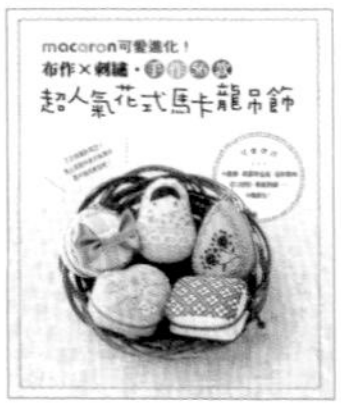

macaron可愛進化！

布作x刺繡・手作56款超人氣花式馬卡龍吊飾

BOUTIQUE-SHA◎著

定價280元

趣・手藝 25

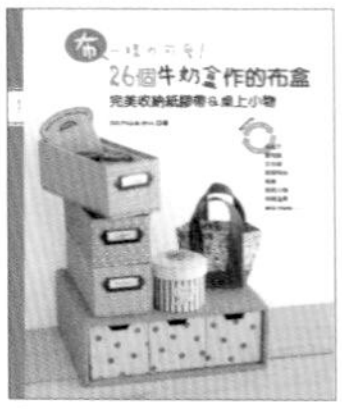

「布」一樣の可愛！26個牛奶盒作的布盒 完美收納紙膠帶&桌上小物

BOUTIQUE-SHA◎著

定價280元

趣・手藝 26

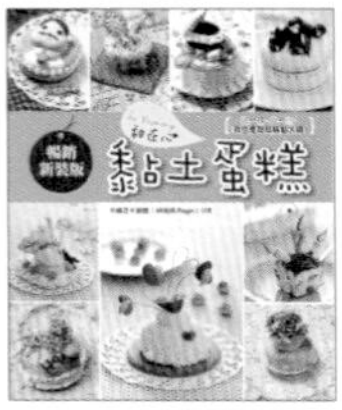

So yummy!甜在心黏土蛋糕揉一揉・捏一捏，我也是甜心糕點大師！（暢銷新裝版）

幸福豆手創館（胡瑞娟 Regin）◎著

定價280元

趣・手藝 27

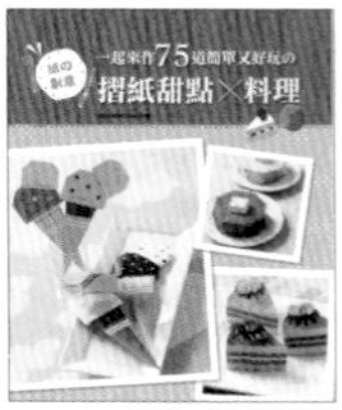

紙の創意！一起來作75道簡單又好玩の摺紙甜點・料理

BOUTIQUE-SHA◎著

定價280元

趣・手藝 28

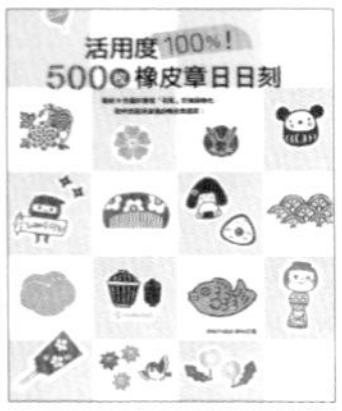

活用度100%！500枚橡皮章日日刻

BOUTIQUE-SHA◎著

定價280元

趣・手藝 29

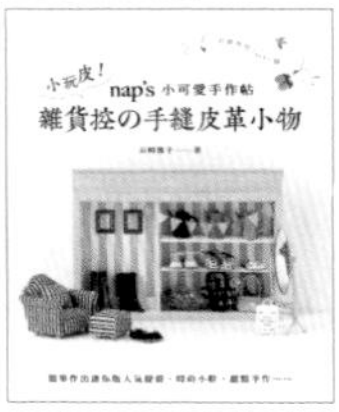

nap' s小可愛手作帖：小玩皮！雜貨控の手縫皮革小物

長崎優子◎著

定價280元

趣・手藝 30

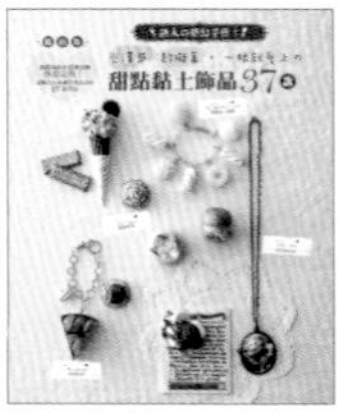

誘人の夢幻手作！光澤感・超擬真・一眼就愛上の甜點黏土飾品37款（暢銷版）

河出書房新社編輯部◎著

定價300元

趣・手藝 31

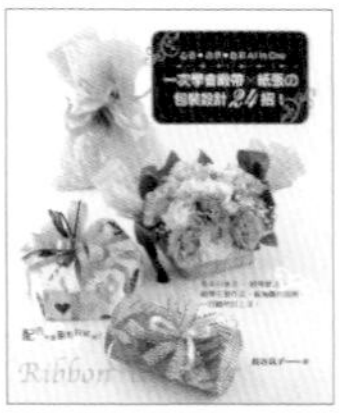

心意・造型・色彩all in one 一次學會緞帶・紙張の包裝設計24招！

長谷良子◎著

定價300元

趣・手藝 32

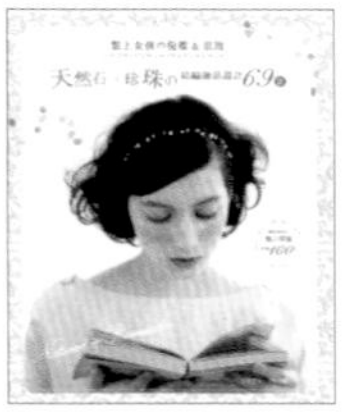

繫上女孩の優雅&浪漫
天然石・珍珠の結編飾品設計69款

日本ヴォーグ社◎著

定價280元

趣・手藝 33

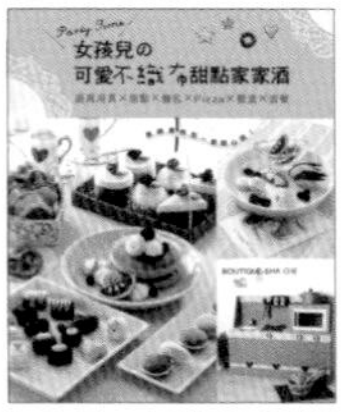

Party Time！女孩兒の可愛不織布甜點家家酒：廚房用具・甜點・麵包・Pizza・餐盒・套餐

BOUTIQUE-SHA◎著

定價280元

趣・手藝 34

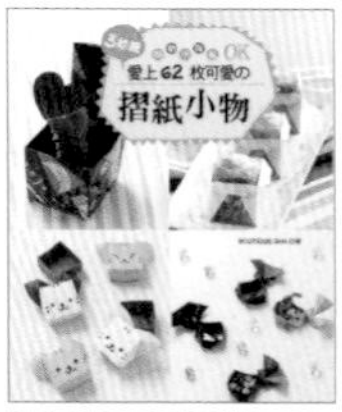

動動手指就OK！三秒鐘・愛上62枚可愛の摺紙小物

BOUTIQUE-SHA◎著

定價280元

趣・手藝 35

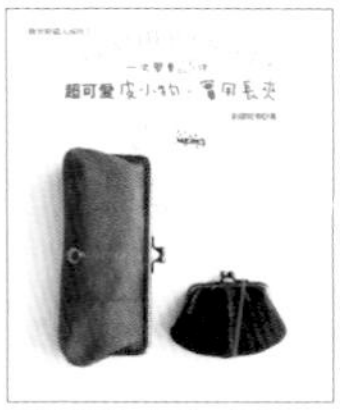

簡單好縫大成功！一次學會65件超可愛皮小物×實用長夾

金澤明美◎著

定價320元

趣・手藝 36

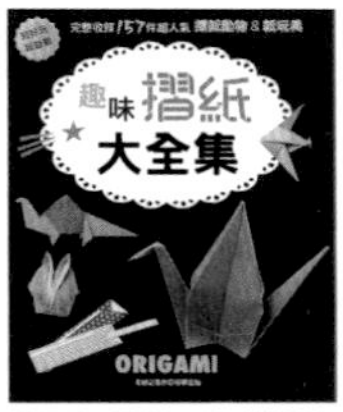

超好玩&超益智！趣味摺紙大全集—完整收錄157件超人氣摺紙動物&紙玩具

主婦之友社◎授權

定價380元

趣・手藝 37

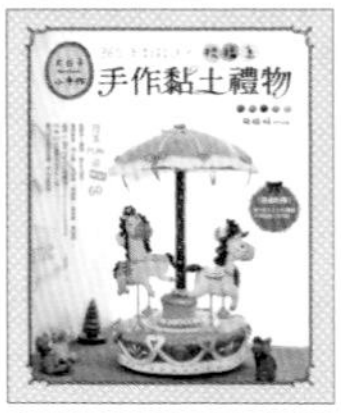

大日子・小手作！365天都能送の祝福系手作黏土禮物提案FUN送BEST.60

幸福豆手創館（胡瑞娟 Regin）師生合著

定價320元

趣・手藝 38

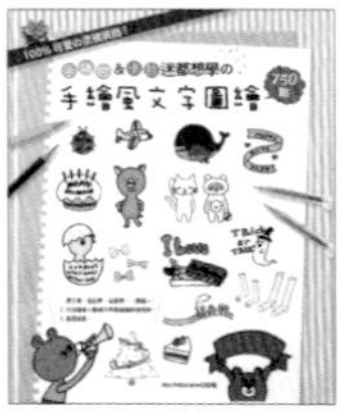

100%可愛の塗鴉裝飾！
手帳控&卡片迷都想學の手繪風文字圖繪750點

BOUTIQUE-SHA◎授權

定價280元

趣・手藝 39

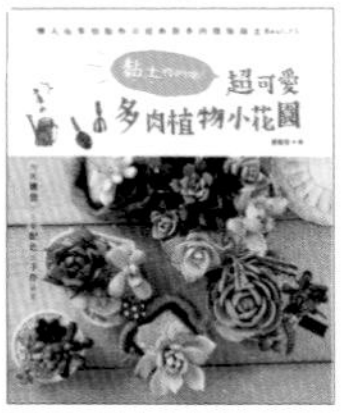

不澆水！黏土作的喲！超可愛多肉植物小花園：仿舊雜貨・人氣配色・手作綠意……懶人在家也能作の經典款多肉植物黏土BEST.25

蔡青芬◎著

定價350元

趣・手藝 40

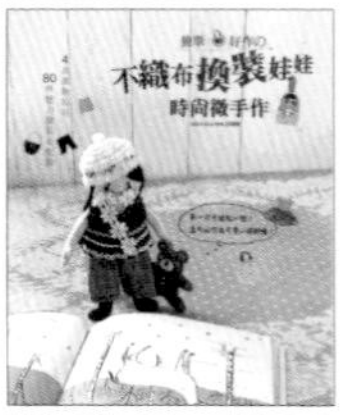

簡單・好作の不織布換裝娃娃時尚微手作——4款風格娃娃・80件魅力服裝&配飾

BOUTIQUE-SHA◎授權

定價280元

趣・手藝 41

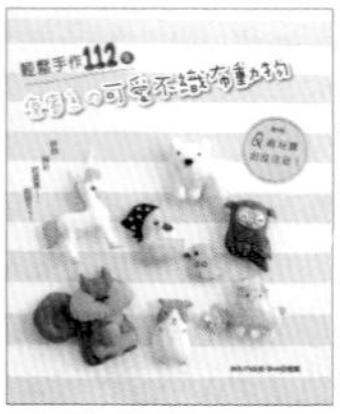

Q萌玩偶出沒注意！
輕鬆手作112隻療癒系の可愛不織布動物

BOUTIQUE-SHA◎授權

定價280元

趣・手藝 42

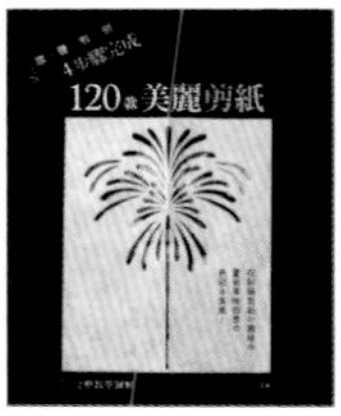

【完整教學圖解】
摺×疊×剪×刻4步驟完成120款美麗剪紙

BOUTIQUE-SHA◎授權

定價280元

趣・手藝 43

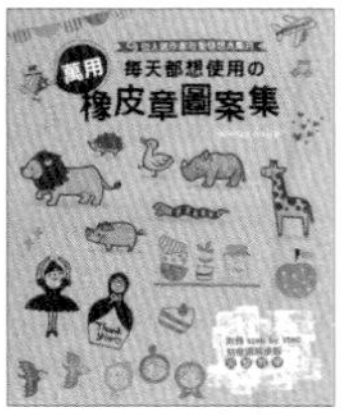

9 位人氣作家可愛發想大集合每天都想使用の萬用橡皮章圖案集

BOUTIQUE-SHA◎授權

定價280元

雅書堂 EB 新手作

雅書堂文化事業有限公司
22070新北市板橋區板新路206號3樓
facebook 粉絲團:搜尋 雅書堂
部落格 http://elegantbooks2010.pixnet.net/blog
TEL:886-2-8952-4078 ・ FAX:886-2-8952-4084

趣・手藝 44

動物系人氣手作！
DOGS & CATS・可愛の掌心貓狗動物偶
須佐沙知子◎著
定價300元

趣・手藝 45

初學者的第一本
UV膠&環氧樹脂飾品教科書
超人氣作品の完美小祕訣All in one！
熊崎堅一◎監修
定價350元

趣・手藝 46

甜食、麵包、拉麵、甜點，擬真度100％！輕鬆作1/12の微型樹脂土美食76道
ちび子◎著
定價320元

趣・手藝 47

全齡OK！
親子同樂趣力遊戲
完全版・趣味翻花繩大全集
野口廣◎監修
主婦之友社◎授權
定價399元

趣・手藝 48

牛奶盒作の美麗布盒設計60選 清爽收納×空間點綴の好點子
BOUTIQUE-SHA◎授權
定價280元

趣・手藝 50

CANDY COLOR TICKET
超可愛の糖果系透明樹脂×樹脂土甜點飾品
CANDY COLOR TICKET◎著
定價320元

趣・手藝 49

原來是黏土！MARUGO の彩色多肉植物日記
丸子（MARUGO）◎著
定價350元

趣・手藝 51

Rose window美麗＆透光
玫瑰窗對稱剪紙
平田朝子◎著
定價280元

趣・手藝 52

玩黏土・作陶器！
可愛北歐風別針77選
BOUTIQUE-SHA◎授權
定價280元

趣・手藝 53

New Open・開心玩！
開一間超人氣の不織布甜點屋
堀內さゆり◎著
定價280元

趣・手藝 54

可愛の立體剪紙花飾
小清新生活美學・可愛の立體剪紙花飾四季帖
くまだまり◎著
定價280元

趣・手藝 55

每日の趣味・剪開信封輕製作
雜貨控一定會作的N個可愛包裝紙雜貨
宇田川一美◎著
定價280元

趣・手藝 56

可愛限定！KIM'S 3D不織布動物遊樂園（暢銷精選版）
陳春金・KIM◎著
定價320元

趣・手藝 57

家家酒開店指南！不織布の幸福料理日誌
BOUTIQUE-SHA◎授權
定價280元

趣・手藝 58

花・葉・果實の立體刺繡書
アトリエ Fil◎著
定價280元

趣・手藝 59

袖珍食物&微型店鋪230選
大野幸子◎著
定價350元

趣・手藝 61

雜貨迷超愛的木器彩繪繪本
BOUTIQUE-SHA◎授權
定價350元

趣・手藝 62

不織布Q手作：超萌狗狗總動員
陳春金・KIM◎著
定價350元

趣・手藝 63

晶瑩剔透超亮眼！醉心熱縮片飾品創作集
NanaAkua◎著
定價350元

趣・手藝 64

開心玩黏土！MARUGO彩色多肉植物日記2
丸子（MARUGO）◎著
定價350元

趣・手藝 65

一學就會の立體浮雕刺繡圖案集
アトリエ Fil◎著
定價320元

趣・手藝 66

黏土陶土胸針&造型小物
BOUTIQUE-SHA◎授權
定價280元

趣・手藝 67

從可愛小圖開始學縫十字繡
大圖まこと◎著
定價280元

趣・手藝 68

UV膠飾品Best37
張家慧◎著
定價320元

趣・手藝 69

清新・自然～刺繡人最愛的花草植物手繡帖
岡理惠子◎著
定價320元

趣・手藝 70

好想抱一下的軟QQ襪子娃娃
陳春金・KIM◎著
定價350元

趣・手藝 71

袖珍食の料理願景
ちょび子◎著
定價320元

趣・手藝 72

可愛北歐風の小巾刺繡
BOUTIQUE-SHA◎授權
定價280元